AF360427

DISCOVRS
ET ABBREGE' DES
VERTVS ET PROPRIETEZ
DES EAVX DE BARBOTAN
en la Comté d'Armaignac.

Par NICOLAS CHESNEAV
Marseillois Docteur en Medecine.

A BOVRDEAVS,
Par PIERRE DE LA COVRT,
Imprimeur & Marchand Libraire.

M. DC. XXIX.

A
MONSEIGNEVR
MONSEIGNEVR
GILLES BOVTAVLT

Conseiller dv Roy en ses Conseils d'Estat & Priué, Euesque & Seigneur d'Ayre & le Mas, & Predicateur ordinaire de sa Majesté.

Monseignevr,

Si la confiance que i'ay en voftre douceur, n'euft eu plus de force en moy que la crainte (laquelle bien fouuent détourne les volontés des hōmes) le defir de vous offrir quelque chofe,

A 2

fuſt demeuré ſans effect ; m'eſtimant encore foible & incapable, de pouuoir produire vne œuure qui ſoit digne de vous. Ce que n'eſtant que trop certain, a faict, qu'auec toutes les peines du monde, & combatu de ces deux diuerſes paſsions, ie me ſuis forcé de vous preſenter celle-cy, quoy que rude & mal polie; n'eſtant auſsi que l'eſſay d'vn ieune & nouueau nourriſſon de la famille Pæonique : toutefois auec condition, qu'elle ne ſera que comme vn precurſeur de quelqu'autre, en laquelle ie pourray mieux faire paroiſtre ce deſir, & l'affection de

MONSEIGNEVR,

Voſtre tres-humble & tres-
obeïſſant ſeruiteur,
N. CHESNEAV.

D. N. CHESNEAV

DOCTORI MEDICO IN

DESCRIPTIONE AQVARVM
Barbotanensium.

SIstat in ignotis Lethæi fluminis vndis
    Diuinas vires fama vetusta loqui,
Fabula Lethæis quod adhuc mentitur in vndis,
    Hic in cænosa protulit Auctor aqua :
Non tamen ignota miretur lector in vnda
    Narratas vires, sed canat artis opus ;
Et quæ mira dedit curarum encomia Phæbo ,
    Musa det Auctori debita plura nouo.

Par Monsieur P. L.

D. N. CHESNEAV MEDICINÆ
DOCTORI IN OPVS BARBO-
tanensium aquarum.

FLuminibus scateant miraris scripta lutosis,
    Indeque tale manu voluere sistis opus :

A 3

Quippe leue eſt, ſacri moturus Apollinis arma,
In ſipidam lympham, & turpe mouere lutum;
Nam rapit vnda, lutũ delet monumenta, laborque
Improbus incaſſum, res & inanis erit.
Volue tamen, nuſquam ceſſa; medicina paratur,
Turpe lutum cùm ſit, flumen & inſipidum:
Nauſeat vnda, lutũque licet; ſi Querculus vndis
Doĉta ſit in medijs, hoc medicamen erit.

Par Monſieur I. D.

A MONSIEVR

CHESNEAV DOCTEVR

EN MEDECINE SVR SON

liure des eaux de Barbotan.

ODE.

Vous qui croyez que les delices,
Les doux charmes & les plaiſirs
Qui contentent mieux nos deſirs,
Au milieu des grands exercices,
Sont dedans l'vſage du vin,
Qui par vn effeĉt tout diuin
Noye les ſentimens des peines;
Voyez pluſtoſt ce que CHESNEAV

Escrit de ces belles fontaines,
Et des merueilles de leur eau.
Les boissons qui rendent pareilles
Les pensées des laboureurs
A celles-là des Empereurs,
Ne sont pas de telles merueilles
Que ces eaux, qui par leur secours
Alongent le fil de nos iours,
Et remettent plusieurs en vie;
Car agissans contre l'effort
Des douleurs qui ostent la vie,
Elles tuent souuent la mort.
Si dans les minieres du souffre
Ces eaux acquierent leur chaleur,
Si leur goust, ou si leur couleur
Se rend telle dans quelque gouffre,
CHESNEAV nous le faict bien sçauoir,
Et sa docte main nous faict voir
Que l'Inde n'a rien de si rare,
Ny le Perou rien de si beau
Pour attirer le plus auare,
Que faict la vertu de cette eau.
Iamais le sablon de Pactole
N'estala de si beaux tresors,
Que Barbotan par les effors,
CHESNEAV de ta docte parole;
Car ceux que ton liure en instruict,
Venans pour en cueillir le fruict

Du bout de la terre habitable,
Changent l'Or qu'ils y ont porté,
Auec le bien plus estimable
De la vie & de la santé.
Mais CHESNEAV, *nous sommes en peine*
De sçauoir qui est plus coulant,
Plus fluide & plus charmant,
Ton discours, ou cette fontaine :
Les effets de l'eau si puissans,
Soulageants les corps languissans,
Mettent le doute en la balance;
Mais considerans tes escrits,
Le pouuoir de ton eloquence
Nous force à luy donner le prix.

Par Monsieur MARCE.

IN OPVS D. CHESNEAV

DOCTORIS MEDICI DE AQVIS

Barbotanensibus distichon.

●

Qvid grato officio cumulamus limina versu,
Ex se iam nimium ponderis Auctor habet.

PAR

PAR LE MESME.
SIXAIN.

A Quoy par vn gratuit office,
De ce liure le frontispice,
Allons nous chargeans de nos vers?
De la seule œuure le merite,
Et la main dont elle est escrite,
Le rend prou cher à l'Vniuers.

Par Monsieur F. C.

D. N. CHESNEAV MEDICINÆ
DOCTORI IN LIBRVM DE
aquarum Barbotanensium virtutibus.

A Nte sub angustis cohibebant balnea ripis
Mista salutifero fluminis arua luto,
Et vix exigui ductas ab origine fontis
Voluebat tenui murmure riuus aquas;
Nunc tumefacta tui rapidis torrentibus oris,
Auctaque fœcundis fontibus ingenij,
Protinus effuso ruperunt littora fluctu,
Et lauere vndis orbis vtrumque latus,
Sparsoque ingentis venti rumore per orbem,
Turgida vexerunt nomine vela tuo.

B

Sic vbi inextinctis dum mandas balnea chartis,
Tu decus illorum tollis, at illa tuum.

Par Monsieur DOAT M. Chirurgien.

LE LIVRE AV LECTEVR.

NE va me reprenant d'vne langue momique,
Si tu n'es satisfaict de ce que ie contiens;
Mais radoucis vn peu ton discours satyrique,
T'adressant à celuy duquel l'estre ie tiens.

DE
L'EXCELLENCE
DES ELEMENS.

CHAPITRE I.

Ncore que si on veut ietter indifferemment les yeux sur les œuures de ce grand Architecte, on puisse dire qu'elles sont toutes remplies de merueilles : si est-ce que les comparant ensemble, & les considerãt chacunes en particulier, on trouuera qu'en la fabrique des vnes il s'est rendu beaucoup plus admirable qu'en la structure des autres : Tellement qu'il n'y a personne qui ne cognoisse les doüés d'intelligence surpasser en dignité toutes les autres creatures, & celles qui ont vie estre plus excellentes que celles qui n'en ont point ; neantmoins auec vn tel ordre que comme dict l'Apostre de la France, *Infimum supremi attingit supremum infimi* : D'où vient qu'vne mesme chose sēblera vile & abiecte au respect de quelques vnes ; & eu esgard à d'autres, vous diriés que l'ouurier se sera estudié à la perfectióner. Comme, qui voudroit considerer les Elemens, de combien les trouueroit-il inferieurs aux substances spirituelles:& au contraire, de combien verroit il qu'ils seroient superieurs aux sublu-

S.Denis lib. de cælesti hier.

naires; mefmes i'oferay dire, quoy que viuantes, encore que felon les Philofophes, la moindre de celles qui ont vie, foit plus noble que la plus parfaicte de celles qui n'en ont point. : Car fi nous confiderons la nature des Elemens qui eft de foy incorruptible, qui ne la preferera à celle qui eft fuiette à mille corruptions, & qui ne peut demeurer vn moment, pour ainfi dire, en vn mefme eftat? celle là eft toufiours ferme & inesbranlable, au lieu que celle-cy ne fe plaift qu'au changement, & n'ayme qu'inftabilité. Dauantage, fi les chofes fimples, comme plus approchantes de la perfection, furpaffent en nobleffe les compofées, qui ne donnera le premier rang aux Elemens, veu que par Antonomafe on les a appellez les quatre corps fimples. Et de plus, qu'eft ce que peut auoir ce bas monde de beau, & dequoy principalement peut-il faire parade, fi ce n'eft des chofes qui fót apperçeuës des fens; Et pour ne parler que du plus excellent, d'où tant de varietés, d'où tant de bigarreures, & d'où tant de diuerfes couleurs, fi ce n'eft de la mixtion & du meflange des quatre qualités elementaires? Tellement qu'il n'y a rien fous le Ciel qui merite d'eftre admiré, qu'on ne l'ait emprunté de ces quatre principes, voire mefme les Cieux font appellés la fleur des Elemens. Et nous pour n'aller fi loin, que n'auós nous pas des Elemens, principalemét felon l'opinion de ceux qui tiennent que *Elementa funt in mixto fecundum fuas fubftantias*, noftre corps ne fera t'il pas peftri de leurs fubftances, & le principal agent dont fe fert l'Ame pour informer le corps, quoy que

*Arifto-
te.*

nous fuyuions l'opinion des autres, qui croyent qu'ils n'y font que par leurs qualités; N'eft il pas tiré d'iceux? La matiere delaquelle il eft faict le monftre clairement, outre le commun confentement de tous ceux qui ont parlé de fa generation. Ce que confiderant, ie ne m'eftonne pas fi le fecond Reftaurateur de la Medecine a dict, *mortalem fpeciem animæ, non folum fequi temperamentum, fed etiam ipfum effe téperamentum*; temperament qui ne confifte pas aux feules qualités, comme plufieurs s'imaginent: mais comme il dict vn peu plus bas *ex commoderata aërea igneaque fubftantiæ miftione confiftens.* Tellement qu'à fon dire nous pourrions affeurer que toutes les chofes fublunaires, quoy que viuantes, excepté l'homme (auffi ne le mets ie pas au rang d'icelles, n'y eftant que comme paffager) n'ont rien qui leur puiffe donner vn eftre plus releué que celuy des Elemens, fi ce n'eft par le moyen de ce qu'elles empruntent & mendient d'iceux.

De la Priorité de l'eau par deffus le refte des Elemens.

C H A P. I I.

E T pour fçauoir lequel des Elemés doit eftre preferable aux autres, on vouloit confiderer la difpofition de leurs fieges, il n'y a point de doute qu'il faudroit donner la primauté au Feu, comme tenant le lieu le plus haut & le plus efleué: mais eftimãt qu'ils ont efté difpofez de la forte pluftoft pour d'autres confiderations, il faut rechercher d'ailleurs quelque fource d'où nous puiffions tirer la

priorité d'iceux : car si le feu auoit esté contigu
à la terre, comment nous auroit elle en ses saisons alternatiues móstré la varieté de ses fruicts?
Et où est-ce que les animaux euffét affermi leurs
pas sans estre cósommés par les flammes, joinct
à ce que l'ordre & la conseruation des choses
demandoit que le chaud & sec eust pour An-
tagoniste le froid & l'humide ; & qu'à celuy qui
auoit la seicheresse pour qualité intense, feust
opposé celuy qui auoit l'humidité, afin qu'ils
euffent le moyen de se mieux conseruer en leur
estre, & resister à l'effort des qualités contraires, parce que

Frigida cum calidis, concertant humida siccis:
D'où vient que le Sage a dict que, *ita Deus res ordi-*
nauit vt vnum sit contra vnum & duo contra duo; à cause
dequoy le Feu chaud & sec a esté mis le premier,
ayant apresluy l'Air froid & humide de sa nature pour resister à ses efforts. Ne pouuans donc-
ques inferer du lieu, lequel des Elemens doit
estre le plus estimé; nous ne sçaurions, ignorant
comme dict Aristote, les dernieres differences
des choses, le tirer d'autre source, si ce n'est de
leurs proprietés, & des vsages diuers pour les-
quels ils ont esté creés; vsages & proprietez qui
nous feront bien tost voir l'Eau tenir le premier
rang parmy iceux, veu qu'elle est le plus neces-
saire Element pour l'entretien de la vie des animaux : car nous n'en sçaurions trouuer aucun
qui puisse subsister sans l'vsage d'icelle, comme
nous en voyós plusieurs viure sans l'appuy de la
terre, d'autres sans le rafraichissement de l'Air ;
Et quant au feu, la chose est si claire qu'elle par-

le de foy-mefme. Ie pourrois icy rapporter plufieurs raifons tirées de Plutarque fur la queftiõ,
fi l'eau eft plus neceffaire que le feu; Mais parce qu'apres
les auoir defduites d'vn cofté & d'autre, il en
laiffe le iugement au lecteur, ie les pafferay fous-
filence, ne m'eftant propofé qu'vn petit abregé,
adiouftant feulement les fuyuantes pour con-
clurre en faueur de noftre humide Element. La
premiere eft, qu'elle eft la productrice de toutes
chofes, ainfi qu'il eft efcrit au premier de la Genefe, *producant aqua reptile & volatile fuper terram;* & au
fecond, *nondum germinauerat terra virgultum, quia nondum pluerat Dominus fuper terram.* Ce que recognoif-
fans quelques anciens Philofophes ont eftimé
l'Eau eftre le principe de toutes chofes, fuyuant
l'Oracle de l'Antiquité.

Thales.
Hefiod.
Seneq.
li.3.nat.
quaft.
cap.23.

Ὠκεανὸν δὲ θεῶν γένεσιν ἠ μητέρα θέτιν.
La feconde eft, qu'elle a efté efleuée iufques là,
que de nous pouuoir rendre capables du Ciel,
comme nous en voyons les effects en noftre premier Sacrement ; ce que demonftre affez l'Eau
auoir quelque chofe par deffus les autres Elemens, puis qu'elle feule a efté choifie pour cet
effect. Ie ne veux point icy parler de *aqua luftrali,*
qu'on tient ordinairement dans les Eglifes, ny
de beaucoup d'autres chofes, comme que les
Anciens confacroient leurs cheueux aux fleuues, me contentant feulement de dire, qu'il ne
faut pas qu'on s'eftonne, fi l'Eau a eu tant de pre-
rogatiues, puis qu'il eft dict en la Genefe, que *Gen. 1.*
Spiritus Domini ferebatur fuper aquas.

De la difference des Eaux.

CHAP. III.

Lib. 43.
à tit. 11.
ad 21.

LEs Iurisconsultes auec Vlpian en ses Digestes parlans des eaux, en mettent de plusieurs sortes : car l'vne est viue, & l'autre est dormante : la viue est, ou permanente, comme sont les Fontaines, les Puis, & les Fleuues, ou elle se tarit, ainsi que sont les eaux de pluye & des torrens. Des dormantes il y en a cinq especes, dont la premiere est appellée Lac, qui se prend pour vne grande quantité d'eau qui ne bouge point : La seconde est nommée Estang, qui est de beaucoup moindre que le Lac : La troisiesme est ditte Fosse : La quatriesme Creux ; Et la cinquiesme Cisterne. Or de toutes ces Eaux, la plus profitable pour la santé est celle de Fontaine, celle des fleuues suit apres, principalement lors qu'elle est purifiée, comme en vsent les Egyptiens, & ceux qui habitent les villes qui sont proches du Rhosne, aussi

Horace.

les appelle t'on *Rhodani potores*, tesmoin le Poëte,

> ———*me peritus*
> *Dicet Iber, Rhodanique potor.*

La troisiesme qu'aucuns mettent au secôd rang,

In colec.
ex Ruf.
com. de
aquis.

est l'eau de Cisterne : car Oribase dict que les eaux de pluye sont legeres, subtiles & pures, douces au goust, & que si on y faict boüillir quelque chose dedans, elle ne mettra gueres à se cuire, & qu'elles reçoiuent facilement l'impression de froid ou de chaud. Toutes lesquelles choses de-

Lib. 4.
de tuen.
valetu.

monstrent assez la bonté des eaux de pluye ; Toutesfois Galien ne les approuue aucunement :

Mais

Mais parce qu'Hipocrate *lib. de aëre locis, & aquis,*
en faict grand eftat, & qu'il leur dône l'epithete
de tres bonnes, il faut dire que lors que Galien
les reprouue, qu'il n'entend parler que de celles
qui fe font pendant les orages & impetuofité
des vents qui ne font point bonnes aux perfon-
nes, ainfi qu'il le dict luy mefme *in lib. 6. Epidem.*&
de celles de la neige & glace fôduë qui font tres-
pernicieufes, comme le monftre Hippocrate au
lieu prealegué, ne loüant à mon aduis que celles
qui tombent lors que le temps eft coy, & principalement en Efté lors que le tonnerre grônde:
Ce qui eft confirmé par Oribafe quand il dict, *ex*
pluuijs autem aquis æftiua, quam heræam vocat Hippocrates,
quæque ex tonitru fit, præftantior eft quam quæ nimbis eft
*demiſſa.*C'eft pourquoy il ne fautpoint fuiure l'o-
pinion de ceux qui font tant de cas de l'eau de
Cifterne, veu qu'elle eft ramaffée de toute forte d'eau de pluye, & que les eaux dormâtes font
fuiettes à caution, l'eau de Puis tient le dernier
lieu, comme moins côuenable pour la fanté des
hommes; Car pour celles des Lacs, Eftangs,
& autres lieux femblables, leur bonté eft fi co-
gneuë, qu'elles ne meritent pas qu'on en parle.
Refte maintenant, attendu que nous auons dif-
couru de quelles eaux nous nous deuons principalement feruir, de dire quelque chofe comme
quoy nous pourrons recognoiftre la meilleure
d'vne chacune efpece : car toutes les fontaines,
par exéple, ne font pas au dernier degré de per-
fectiô, ains feulement celles où fe retrouuent les
marques fuiuantes, la premiere defqueles eft tirée
d'Hipocrate, quãd il dit que *aqua quæ citò calefit,&*   Aphor.
26. fect. 5.

C

cito refrigeratur leuißima. En quoy se trompent le cōmun des hommes, & quelques Medecins, qui pour recognoistre la bōté de quelque eau, la pesent à la balance; parce que tout de mesme que lors que nous auons mangé quelque chose qui nous fache, nous disons, quoy qu'elle soit fort legere, si on la prend au poix (comme vous diriez les Champignons) qu'elle nous pese dans l'estomach; Ainsi l'eau est appellée legere qui n'est point facheuse au ventricule passant par les intestins sans exciter *flatus*, ny autres incommodités. La seconde marque que l'eau doit auoir est, qu'elle soit exempte de qualités, non seulement gustatiles, mais encore olfactiles, estant pure, nette & limpide. La troisiesme, qu'elle soit froide en Esté, & chaude en Hyuer. La derniere, que la source regarde le Soleil leuant, principalement là où il a accoustumé de se leuer ez longs iours, sortāt plustost d'vn cousteau de terre que de quelques rochers, parce que telles eaux se trouueront douées de toutes les marques susdites; tellement qu'on en pourra vser comme ayans acquises le supreme degré de perfection. Car celles, la source desquelles regarde le Septétrion sont trop froides, comme sont aussi celles qui coulent vers l'Occident, qui auec cela sont plus cruës, à cause que le Soleil demeurant trop long temps à y darder ses rayons, ne peut pas si bien purifier la terre, ny dissiper si tost les vapeurs & brouïllards, qui par la froideur de la nuict estant repoussez en bas, rendent l'air mal plaisant & insalubre. D'où vient que ces lieux ne sont iamais si fertiles comme ceux qui regardēt

le Leuant, ou placez dans vne plaine. Celles qui
coulent vers le Midy, à cauſe du trop long ſejour qu'y faiſt le Soleil deuiennent nitreuſes, ce
qui eſt de plus ſubtil s'euaporant; Et c'eſt pourquoy Oribaſe au lieu que deſſus, eſcriuât de ces
eaux dict, *aquas quæ ad Meridiem fluunt non laudo,* *Lib. de*
ſuyuant en cela l'authorité d'Hippocrate qui *aër. loc.*
met au dernier rang, & appelle tres-mauuaiſes *& aqu.*
les eaux qui coulent vers le Midy.

Des choſes merueilleuſes de l'Eau.
Chap. IV.

A Nature s'eſt tellement renduë admirable en ſes œuures, que les plus
ſubtils Philoſophes en ayant voulu
rechercher les cauſes, ont trouué que
leur ſcience n'eſtoit pas baſtante & capable, de
pouuoir deſcouurir des effeſts ſi prodigieux;
Tellement que quelques-vns n'en pouuans venir
à bout, ſe ſont precipitez dans les merueilles
qu'ils conſideroient, afin d'eſtre comprins de ce
qu'ils ne pouuoient comprendre. Car ſoit que
nous nous occupions à la conſideration de ce
qui ſe faiſt en l'air, ſoit que nous iettiôs les yeux
ſur la terre, ſoit que nous admirions ce qui arriue aux eaux : Nous trouuerons, & principalement en ce dernier, tant de choſes admirables,
qu'vn volume ne ſeroit pas ſuffiſant de comprendre tout ce que ceux qui vous ont deuancé en
ont laiſſé par eſcrit : Car nous trouuons dans
Ioſephe en ſon liure *des Antiquités des Iuifs,* d'vn
fleuue, lequel ſix iours de la ſepmaine laiſſe

couler ſes eaux, & le iour du Sabath les retient
de telle façon, que ſon canal demeure ſec; comme s'il vouloit môſtrer que noſtre Seigneur per-
met que ſes graces decoulent toute la ſepmaine
à ceux qui ſanctifient le iour du Repos. Et dans
Theophraſte nous liſons du fleuue Crathis qui
blanchit les bœufs & les moutons qui en boiuét;
& qu'au contraire le fleuue Sybaris les noircit,
ce que meſme arriue aux hommes qui en vſent.
Q. Curtius rapporte d'vne fontaine qui au leué
du Soleil eſt tiede, deuenant froide ſur le Midy,
& puis reprenant peu à peu ſa chaleur, elle eſt
bouïllante vers la minuict, continuant ainſi ces
viciſſitudes, ſelon l'eſloignemét ou la proximi-
té du Soleil. Pline eſcrit que le fleuue Sile con-
uertit en pierre, non ſeulement le bois, mais encore les fueilles qui y tombent dedans, quoy
que l'eau du fleuue ne ſoit mauuaiſe à boire. Et
Seneque parlant du fleuue Linceſte dict,

Que ſi quelqu'vn en boit d'vne ſoif trop ardente,
Il ſent incontinent ſa ceruelle peſante:
Il eſt yure, il chancelle, ainſi comme feroit
Celuy qui de vin pur l'eſtomach rempliroit.

Nous liſons auſſi que dans le païs des Medes il y
a vn Eſtang ſur lequel nage vne certaine liqueur
noire, qui faict que ceux qui en ſont frottés con-
çoiuent les flammes, & ſe bruſlent s'ils s'appro-
chent du feu. C'eſt de cette liqueur de laquelle
parle Seneque tragique en la tragedie de Me-
dée, dont elle ſe ſeruit pour embrazer l'Amante
de Iaſon, luy faiſant porter par ſubtils moyens,
allant ſacrifier aux Dieux, vn chapeau de fleurs
enduit de cette liqueur. Ie ne veux point parler

d'vne eau qu'il y a en Arcadie qui seroit tres-propre pour les yurongnes, dans laquelle si quelqu'vn se plonge, il sera impossible qu'il puisse supporter la senteur du vin. Ie passe sous-silence celle qui est au païs des Leontins qui cause la mort à ceux qui en boiuent, comme faict aussi celle d'vn Estang vers les Sauromates, lequel mesmes les oyseaux ne peuuent transuoler. Enfin ie n'aurois iamais faict, si ie voulois raconter toutes les choses prodigieuses qu'on rapporte des eaux : Toutesfois renuoyât ceux qui en voudrôt sçauoir dauâtage à Seneque & à Pline; nous dirons vn mot de l'Eau probatoire des Iuifs, de laquelle vsoient aussi certains Chrestiens, qui fut interditte par le decret d'Estienne V. C'est que le mari qui soupçonnoit sa femme auoit vn liure de la jalousie, dans lequel le Pontife escriuoit certaines execrations, lesquelles il racloit & effaçoit auec ie ne sçay quelle eau amere, dans laquelle il auoit ietté des maledictions, & par apres en donnoit à boire à la femme, laquelle on accusoit d'adultere ; que si elle estoit innocente, l'eau la rendoit fœconde : Mais au contraire, si elle estoit atteinte de ce vice, le ventre s'enflant luy creuoit, & sa cuisse se gangrenoit, seruant d'exemple à tout le peuple, ainsi qu'il est escrit dans la saincte Escriture.

Lib. 3.
nat.quæ.
cap. 25.
& 26.
lib. 2.
nat.hist.
cap. 103.
& lib.
31. cap.
1.

Numer.
cap. 5.

De la cause de la chaleur des Eaux.

CHAP. V.

PLVSIEVRS emportez d'vne trop grande curiosité en la recherche de ce qui pouuoit entretenir de si grandes cha-

leurs fous la terre, ont efté tellemēt incōfiderés,
que ne recognoiſſant pas, ou pluſtoſt meſpriſans
le peril qu'il y auoit de s'en approcher , ont ex-
perimenté que les temeraires entrepriſes n'en-
trainoient auec elles , que bien ſouuent la perte
des entrepreneurs. Ainſi Empedocles s'eſtant
voulu approcher de trop pres du Mont Aethna,
& Pline ſecond du Mont Veſuue, ſeruirent d'ad-
uertiſſement à la poſterité, y laiſſant leur vie
pour gage de leur temerité. Toutesfois quoy
que nous ayons ces exemples deuant les yeux,
ſi ne reſterons nous pas de nous approcher de ce
qui peut eſchauffer nos eaux de Barbotan, meſmes quand ce ſeroit vn feu allumé, puis que ſon
antidote ſera touſiours proche de nous : outre
que nous n'auons pas affaire à des eaux qui ſoint
comme celles deſquelles nous venons de parler,
entre leſquelles il y en a qui cauſent la mort de
leurs ſeules vapeurs; d'autres qui font conceuoir
les flammes par le Naphtha qu'elles jettent : &
d'autres qui par vne boiſſon inopinée font expe-
rimenter leur vertu mortifere. Non le Patron
d'icelles les a comblées de bien differentes qualités, veu que par leur moyen nous recouurons
la ſanté lors que nous ſommes malades, & venōs
à bout de pluſieurs infirmitez , qui ſeroient ,
comme on dict, *opprobrium Medicorum*. Car combié
voyons nous de perſonnes deſeſperant de leur
conualeſcence , qui neantmoins auec l'vſage de
ces Eaux ont eſté deliurez de leurs incommodi-
tez, leſquelles auparauant on eſtimoit incura-
bles : Mais parce que nous voyons cela tous les
iours, & que les experiences en ſont frequentes,

c'eſt la raiſõ pourquoy nous n'en faiſons pas tãt d'eſtat ; comme il arriue en pluſieurs œuures de la Nature , leſquelles pour eſtre trop familieres aux hommes ſont eſtimées viles & abiectes: Toutesfois ce qui faict admirer ces Eaux , auec les effects qu'elles operent tous les iours , eſt la conſideratiõ de cette chaleur continuelle , doù eſt-ce qu'elle peut proceder; & par le moyen de quelle cauſe eſt elle entretenuë. Surquoy les opinions ſont ſi diuerſes , qu'il eſt quaſi impoſſible d'en faire vn iugement aſſeuré : car quelques vns ont péſé que les vents enclos dans les lieux ſous-terrains en pouuoint eſtre la cauſe: D'autres ont creu que telle chaleur prouenoit du rencontre & de la colliſion des eaux entre les rochers. Il s'en eſt trouué qui ont voulu attribuer cet effect aux rayons du Soleil; Toutes leſquelles opiniõs, comme auſſi beaucoup d'autres que ie pourrois icy rapporter, ont ſi peu d'apparence de verité, que les moins verſez en ce faict ſont aſſez capables d'en faire le iugement : C'eſt pourquoy ie m'arreſteray ſeulement à refuter l'opinion de ceux qui croyent que les feux allumez ſous terre ſont la ſeule cauſe de cette chaleur, ce que i'eſtime du tout impoſſible , quoy que certains Mo- _Vitru._
dernes, ſuyuant ce qu'en a creu Empedocle & _lib. 8._
autres, ſoient de contraire aduis; attendu que _Archit._
cela repugne à la nature de cet Element qui ay- _Apulée_
me la liberté; De telle façon que ſe trouuant en- _de mun-_
fermé dans quelque lieu , il en ſort auec des ef- _do._
fects eſpouuentables , tels que nous voyons aux _Agrico-_
Artilleries & aux Tonnerres, le tintamarre _la._
deſquels eſt ſi grand, que les Anciens eſtimoient _Ponta-_
nus.

que tels effects ne pouuoient proceder que de la main puiſſãte de Iuppiter ; D'où eſt venu que les Poëtes luy ont touſiours donné cette Epithete.

Horac.   *Cælo Tonantem credidimus Iouem.*

Et vn autre

Senec.   *Soror Tonantis, hoc enim ſolum mihi*
tragi.   *Nomen reliĉtum eſt :*

Meſmes quelquefois le feu s'allumant ſous terre, eſt cauſe que les villes entieres s'abiſment, comme anciennement Tantalis ville fort belle & riche, Sypilo ville de Magneſie ; & de fraiche memoire vne ville en Italie au Royaume de Naples, l'abiſme de laquelle ſentoit le ſouffre, Tellement qu'il faut croire que la matiere combuſtible ayant conçeu le feu, ne peut l'entretenir ny empeſcher qu'il ne s'eſtouffe, s'il ſe trouue enfermé, ou que par ſon mouuement aĉtif il ne ſe faſſe faire place pour ſe mettre en liberté, comme nous voyons en tous ces lieux, deſquels parle Pline au li. 2. chap. 106. ou le feu s'eſtant vne fois allumé, il a falu qu'il aye eu quelque ſortie pour ſe manifeſter, tãt il eſt ennemi des cachots & des lieux ſous-terrains ; Ce que n'arriuant pas preſque en aucun lieu où il y a des eaux chaudes, me

Lib. de   fait dire que c'eſt pluſtoſt par le moyé du ſouf-
propriet. fre, & non des feux allumés, qu'elles ſont eſchau-
Elem.   fées, comme on le peut colliger d'Ariſtote, de
Li. 3. na. Seneque, de Pline, & autres qui en ont eſcrit. Et
quaſt. c. meſmes quand ie concederois que le feu ſe peut
24. li. 35. entretenir ſous terre allumé, ie voudrois bien
hiſ. na. c. qu'on me diĉt de quelle matiere, voir ſi ce n'eſt
de ſulph. pas par le moyen du ſouffre, ou de quelque au-
Clau-   tre approchãt à ſa nature, comme eſt le Bitume.
dian.
Albert
le grãd.

Quelques

Quelques Modernes craignans de confesser in-
sensiblement, comme d'autres ont faict, que le
souffre pouuoit estre la cause de la chaleur des
eaux, s'ils auoüoient qu'il fut l'entretien du feu
allumé, en ont voulu rechercher d'autres ; mais
enfin lassez en leurs vaines inquisitions, ont dict
que le feu s'entretenoit allumé sous la terre d'v-
ne façon indicible, nostre Seigneur monstrant
en cela combien ses œuures sont admirables; &
pour preuue de ce ont apporté des exemples,
qui boitent de tous les deux pieds. D'autres re-
cognoissant qu'il ne seroit pas besoin d'vn grãd
estude en la Philosophie naturelle, s'il falloit
tout referer à l'Autheur de la nature: car comme
dict vn certain, *vniuersalißimis causis stare ignani & rustici ingenij est; medias vero inquirere, & ad proprias niti quantum homini datum, Philosophi certe est.* Ceux-là, dis-
je, n'ont donné, suyuant l'opinion de tous ceux
quasi qui en ont parlé, autre matiere pour entretenir ce feu allumé sous terre, que le souffre.
Aussi seroit-on bien en peine d'en trouuer quelqu'autre qui ne fust de sa nature grasse & huileu-
se ; *nam sulphur,* comme dict vn tres-docte Medecin, *quicumque metallorum naturas perscrutatur, terræ adi-
pem seu oleum appellant :* A cause dequoy les Alchi-
mistes disent qu'il est la semence masculine, & le
premier agent pour la generation des metaux.
Que si le Souffre & le Bitume sont l'entretien de
ce feu allumé, à bon droict dirons nous qu'il ne
se trouuera point d'eau chaude en aucun lieu, si
ce n'est par leur moyen : Et auec cela faudra-il
que tous ces lieux ayent des souspiraux, comme
ceux desquels nous auons parlé, afin que ce feu

Plin. ca. de sulph.
Virg. in Æthna.
Oui. 15. Meta.
Claudi. de rapt. Proserp.
Matthi. Sen. cap. de pu- mice.

aye la jouyſſance de l'air, ſans laquelle il ne peut
ſubſiſter , quand ce ne ſeroit que pour donner
paſſage à la fumée de ces deux mineraux, qui eſt
ſi craſſe & ſi eſpaiſſe , que le feu, comme l'experience le monſtre , s'eſtouffe incontinent, priué
de cette euentilation neceſſaire : & ne faudroit
pas auec les Conimbres chercher des eſpaces
imaginaires pour donner iſſuë à cette exhala-
tion ; car l'vn de ces deux mineraux allumé en
quantité ſuffiſante pour eſchauffer les eaux , eſt
baſtant d'en produire plus en vne heure , qu'il
n'en paſſeroit de trois iours par la terre la plus
rare & la plus poreuſe qu'on ſe ſçauroit imaginer, & que toutes les cauités voiſines n'en pour-
roient contenir. C'eſt pourquoy il faut dire
qu'en tous ces lieux , où ces feux allumés ne pa-
roiſſent point , que les eaux y ſont eſchauffées
par le moyen de quelque matiere enſouffrée,
qui ſeule, à cauſe de ſa nature en a le pouuoir,
ainſi que les mines d'où on tire le ſouffre le nous
monſtrent clairement ; car il faut qu'elles ſoient
à deſcouuert , autrement la puanteur & la chaleur vehemente eſtoufferoit les Pioniers , quoy
qu'on n'y voye point de ces feux allumez: ce qui
eſt vne preuue tres-ſuffiſante , & laquelle on ne
ſçauroit refuter : car ſi la mine du ſouffre con-
tient en ſoy vne chaleur vehemente ſans eſtre al-
lumée, qui ozera nier qu'elle ne puiſſe eſchauffer
nos eaux? Pour moy i'eſtime que ſi tous ceux
qui en ont eſcrit auoient prins la peine de ſe
tranſporter aux lieux où il y en a , ou au moins
de conſulter ceux qui les ont veuës , qu'ils au-
roient par ce teſmoignage oculaire recogneu ce

Math.
Sen.cap.
deſulph.

que c'estoit, sans se laisser emporter à des vaines
apparences, & fantofmes de verité. Si les eaux,
difent-ils, s'efchauffoient à caufe qu'elles coulent par des mines de fouffre, il faudroit necef-
fairement(l'effect refultant de fa caufe) que toute eau fouffrée fuft actuellement chaude; or eft
il qu'il y a des fontaines d'eau froide qui toutesfois participent au fouffre : Conradus Gefnerus
en defcrit vne, parlant des bains des Suiffes, les
fontaines Celléfes aux Allemagnes font de mefme, celles de la Trolliere & de Bardon en Bour-
bonnois font auffi froides, quoy que fouffrées;
donques nous pouuons affeurer que le fouffre
n'eft point la caufe de la chaleur des eaux. Par
cet argument & par ces exemples *nodum in fcir-
po quærunt,* & ne voyent pas que le fouffre eft en petite quantité, ou bien que les eaux de ces fontaines, apres eftre paffées par les mines de fouffre, vont fortir loing de là; d'où vient que defti-
tuées de cette caufe conferuatrice, & coulans
par des lieux qui ne font plus enfouffrés, perdēt
leur chaleur par la froideur de la terre, *& à principio intrinfeco,* retenāt neantmoins les autres qualités, qui eftant vne fois imprimées en quelque
fuject, ne fe diffipent pas fi facilement comme
faict la chaleur quand elle fe trouue en vn corps
rare & fluide, tel qu'eft l'eau. Ils fe feruent auffi
de l'authorité de Pline & de Vitruue : l'vn efcri-
uant qu'il y a des eaux chaudes qui ne font point
medicinales; & l'autre, qu'il y en a qui font fua-
ues au boire : D'où ils inferent que le fouffre
n'efchauffe point les eaux, parce qu'elles feroiēt
medicinales & defagreables à boire, à caufe de

l'odeur principalemēt de ce mineral qui accōpagne toufiours les eaux qui ont decoulé par
fes mines. De prim-abord il femble que ces authorités doiuent renuerfer tout à faiƈt nos fondemens : mais fi nous confideronsce que diƈt
Ariftote , que *bonum eft ex omni parte, malum vero vel
ex minima* , nous trouuerons que quelque qualité
mauuaife fe meflant parmy ces eaux , empefche
qu'on ne s'en fert point en Medecine : ou bien
pour refpondre enfemblement à toutes les deux
authorités, nous difons que la mine du fouffre
peut communiquer aux eaux qui y paffent tout
contre, la chaleur, fans les autres qualités , au
moins perceptibles ; parce que la chaleur eftant
vne qualité tres-aƈtiue , s'eftend beaucoup plus
loing que les autres , principalement lorsque
les lieux voifins font denfes & folides , à caufe
qu'alors elle ne fe diffipe que fort peu, comme il
arriue en l'Ifle de Lipari , vn des lieux où il y a
des eaux chaudes qui ne font point medicinales,
quoy qu'elles viennent d'vn lieu où il y a quantité de fouffre , puis que cefte Ifle ne brufle , au
rapport du mefme Pline , que par le moyen d'iceluy. A raifon dequoy luy & Vitruue ont affeuré ce que deffus , confirmant en cela que les
eaux paffant proche des mines du fouffre pounoient n'en retirer que la chaleur: Et pour confirmation de mō dire, *cum in imo,* diƈt l'vn d'iceux,
per alumen, aut bitumen, fiue fulphur ignis excitatur, ardore
præcandefacit terram quæ eft circa fe , fupra fe autem feruid
dam emittit vaporem ; & itafi qui in his locis quæ funt fu
pra fontes dulcis aquæ nafcantur , offenfi eo vapore efferuef
cunt inter venas , & ita profluunt incorrupto fapore. Non

pour cela que ie vueille nier que les eaux là où
le feu paroiſt , comme en cette Iſle , & en d'autres lieux , ne puiſſent eſtre eſchauffées par ſon
moyen : mais ie diray bien qu'alors,& cette Iſle
le monſtre,les eaux ſe trouueront de fort peu,ou
de nulle vertu , le feu conſommant ce qui eſt de
meilleur & de plus ſucculent pour ſa nourriture.
Quant à la troiſieſme raiſon de laquelle ils ſe feruent , diſans que nul remede tant ſoit-il chaud,
ne peut actuellement communiquer ſa chaleur,
s'il n'eſt reduict de puiſſance en acte,& que quãd
vous verſeriez de l'eau froide ſur du ſouffre , &
qu'encore par apres vous y adiouſtiez du ſouffre,les meſlant & les agitant enſemble tant qu'il
vous plaira, que l'eau ne ſera pas ſeulement tiede : Pour toute reſponce , parce qu'ils conſide-
rent le ſouffre refroidy & hors de la mine, ie les
y renuoyeray, là où ils verrõt comme quoy il eſt
reduict de puiſſance en acte , & quelle chaleur
ſe couue là dedans.

Du Bain & de ſes parties.
CHAP. VI.

LEs Medecins parlant des choſes qui
nous preſeruent des mladies,en con-
ſtituent ſix eſpeces , entre leſquelles
l'euacuatiõ tient le cinquieſme rang,
n'eſtant gueres moins vtile que les autres pour
la conſeruation de la ſanté : car trois coctions
eſtant neceſſaires pour la nourriture de noſtre
corps,il eſtoit impoſſible qu'il n'arriuaſt en chacune d'icelles quelque choſe,qui comme inutile

& excrementeufe ne meritaft d'eftre feparée du refte; Ainfi l'excrement de la premiere coction eft euacué par les inteftins; ceux de la feconde ont leurs receptacles, l'vn la bourfe du fiel, l'autre la rate : & la troifiefme apres auoir ferui de vehicule au fang, eft attiré par les reins, & chaffé hors du corps par la veffie. Celuy de la troifiefme coction (qui fe faict en toutes les parties) eft euacué par les pores du cuir, tantoft par fueurs, tantoft par infenfible tranfpiration, l'vn ou l'autre arriuant felon que la matiere & les conduits fe trouuent difpofés, & la chaleur naturelle vigoureufe à attenuer les humeurs. Mais parce que la Nature eft fouuent empefchée en l'expulfion de fes excremens, & qu'elle ne peut bien fouuent d'elle mefme chaffer ce qui luy eft nuifible : L'art a inuenté des remedes pour fuppleer à ce defaut, foit ou par feignées ou par purgations, ou par exercices, ou par bains & autres euacuations, lefquelles ie paffe fous-filence, m'arreftant feulement aux bains qui fe font par le moyen de l'eau chaude: car la froide n'euacuë point, ains condenfe & affermit la chair. Ce n'eft pas auffi d'elle que nous entendons parler, veu que le bain eft vne euacuatió qui fe faict par tout le corps des excremens qui font non feulement foubs la peau, comme dict Georg. Agricola, mais encore de ceux qui font au plus profond, *fuliginofos humores*, dict Fernel, *non modo diffipat è fummis, verum etiam ex intimis corporis regionibus, tenuefque & fluxos foras euocat* : Ce qui arriue par le benefice de la chaleur des bains, foit naturels, foit artificiels. Les artificiels auoient anciennemét cinq parties ; la premiere eſtoit appellée *Tepidarium*, qui eſtoit le lieu où ceux qui ſe vouloiét baigner ſe deſpouïlloient , auſſi le nommoit-on en Grec ἀποδυτήριον du verbe ἀποδύειν qui ſignifie deſpouïller : La ſecõde partie eſtoit ditte des Latins *Calidariũ*, ou ſelon Seneque *Sudatoriũ* : Les Grecs l'appelloient πυριατήριον & ὑπόκαυϛον, *à nomine* χὺρ. *i. ignis* & πυρία *ſudatio*, & l'autre du verbe ὑποκάμο *quod eſt*, *ſuccendo* ; Et parce que les Lacedemoniés auoient de couſtume d'en vſer ſouuent , on luy donna le nom de *Laconicum* : C'eſt pourquoy Martial parlant d'iceluy en ſes Epigrammes nous dict

Ritus ſi placeant tibi Laconum
Contentus potes arido vapore ,
Cruda Virgine , Martiaque mergi.

Lib. 6.
Epigr.

Si la forme du Bain qu'on vſe en Laconie
Te plaiſt, contente toy d'vne aride vapeur :
Et puis pour endurcir ton corps foible au labeur,
Moüille-le dans les eaux de Vierge ou de Martie.

C'eſtoit vn lieu vouté où on ſuoit, l'air eſtant eſchauffé par le moyen du feu , comme on faict pour le jourd'huy en France dans les eſtuues. La troiſieſme partie eſtoit telle qu'on appelloit *ſolium calidum*, & la quatrieſme *ſolium frigidum*, auſquels lieux on ſe lauoit dans des cuues, en l'vn pleines d'eau chaude, & en l'autre d'eau froide. La derniere partie du bain eſtoit le lieu où on eſſuyoit la ſueur, lequel maintenãt eſt confondu auec le premier : Tellement que nos bains correſpondent en tout & par tout à ceux des Anciens, quoy qu'ils n'ayent pas tant de parties ; ou feroit que la couftume n'eft plus de fe baigner dás l'eau froide, à caufe des inconueniens qui en pouuoient arriuer ; *Repentina enim mutationes pariunt morbos.* Des bains naturels, qui font ceux qui fortent d'eux mefmes, & fans aucun artifice, on en met de plufieurs fortes : car les vns retirent au Sel, les autres au Nitre ; les vns tiennent de l'Alun, & les autres du Souffre : les vns participent au Bitume, & les autres à d'autres mineraux & foffils, de la vertu defquels nous parlerons maintenant, recherchant les qualitez de ceux de Barbotan.

De la qualité des eaux de Barbotan, & de quels mineraux elles participent.

C H A P. VII.

Ex lib. Herod. de praf. extrin. occur.

LEs differences des eaux minerales font fi grandes, que comme dict Oribafe, il eft fort difficile d'en auoir vne parfaicte cognoiffance : Tellemét que fi nous en voulons fçauoir quelque chofe, il faut auoir recours à l'experience de quelques fens exterieurs, lefquels peuuent nous faire comme penetrer dans les mines, pour y defcouurir ce qui communique la vertu à ces eaux : Car comme dict vn Poëte,

Lucretius.

Inuenies primis abs fenfibus effe creatam
Notitiam veri, neque fenfus poffe refelli :
Qui nifi fint veri, ratio quoque falfa fit omnis.

Mais ce qui rend cette premiere cognoiffance plus affeurée, & fans quoy i'en fais fort peu d'eftat, ſtat, eſt lors que nous voyons les effects que ces eaux operent correſpondre à ce que nous en auons deſcouuert: Comme lors que les eaux ont l'odeur & le gouſt du ſouffre, ſi auec cela nous y voyons les effects que telles eaux ont accouſtumé de produire, nous en faiſons vn iugement auec beaucoup plus d'aſſeurance; en eſtant tout de meſme des autres foſſiles, veu qu'vn chacun d'iceux a quelque vertu & qualité particuliere, qui n'eſt pas commune aux autres : Car les eaux qui retirent au ſel ſont propres à reſoudre l'humeur de l'Hydropiſie recente, appaiſent les douleurs des nerfs cauſées par le Phlegme, gueriſſent les gratelles, effacent les meurtriſſeures du corps, & ſi on en boit elles amaigriſſent ceux qui ſont trop gras, font diſſoudre le ſang caillé dans l'eſtomach, & euacuent le flegme ſelon l'opinion d'aucuns, ce qui n'eſt guiere conforme à l'authorité d'Hippocrate. *At enim,* dit-il, *mentiuntur homines de ſalſis aquis propter imperitiam, in eo quod per aluum ſecedere eamque ſoluere putantur ; maximè enim contraria ſunt ad alui egeſtionem & ſeceſſum: ſunt enim crudæ, & coqui non poſſunt ; quare venter magis ab ipſis aſtringitur, quam eliquatur.* Les nitreuſes conuiennent en beaucoup de choſes auec les precedentes, toutesfois elles ſont plus vertueuſes en leurs operations, & ne ſont point aſtringentes, car elles purgent principalement par les inteſtins, & ſont propres aux obſtructions, & aux intemperies froides & humides; & pour le dire en vn mot, elles conuiennent à toutes maladies pituiteuſes, comme Oedemes Scyrrhes, *ex cocretione phlegmatis,* & aux douleurs des joinctures. Les Alumineuſes

Lib. de aër. loc. & aqu.

sont fort astringentes ; c'est pourquoy elles profitent grandement à ceux qui ont l'estomach dénoyé aux femmes qui sont trauaillées de quelque fluxion immoderée, & qui sont sujettes à auorter : Elles sont aussi propres pour les Varices, pour les hemorrhoides qui fluent trop, & à ceux ceux qui suent extraordinairement. Les Bitumineuses n'ont pas vn petit degré de chaleur, & ramollissent si on y demeure long temps, principalement (à ce qu'on dict) la Matrice, la Vessie & le Colon : Toutesfois elles appesantissent la teste, & gastent les instrumens des sens. Celles qui participent au souffre sont excellentes pour ramollir & eschauffer les nerfs, pour appaiser les douleurs des joinctures & des autres parties, principalement si la cause en est froide, pour resoudre toutes tumeurs œdemateuses & flateuses ; comme aussi pour tous les vices du cuir : Toutesfois elles allachissent l'Estomach. Celles qui empruntent leur vertu du Vitriol, offencent le ventricule, excitent le vomissemét, & resserrent grandement, si ce mineral y est en quantité : mais s'il n'y en a pas trop, ces eaux desopilent, font vriner, & seruent meruilleusement contre la chaleur du foye & des hypochondres, comme l'experience le monstre. Celles qui tiennent du cuiure sont bonnes aux vlceres de la bouche, aux defluxions qui tombent sur les amygdales, aux distilations des yeux, & aux vlceres malins. Celles qui passent par vne mine de fer profitent aux rateleux, & à ceux qui sont foibles d'estomach ; sont singulieres aussi aux fleurs blanches des femmes, & à ceux qui perdent leur femence. Celles qui decoulent par vne mine de plomb font tres-propres contre les vlceres malins, & de difficile guerifon, contre les cancers, fiftules, & lepre recente. Celles qui tiennent de l'argent font refrigeratiues, & deffeichent, ayans auec cela quelque vertu cordiale; toutesfois non pas telle que celle des eaux qui decoulent par les mines de l'or, lefquelles on tient auffi profiter au *miferere*, aux fiftules, & aux gouttes.

Ainfi cette eau qui des mines diftile
Va defrobant la vertu du Foffile.

Confiderans maintenant les vertus & les proprietés de nos eaux de Barbotan, & celles qui fe trouuent en particulier à chaque fofille, il n'y a perfonne qui ayant tant foit peu frequenté ce lieu, ne die que le fouffre y domine grandemét, accompagné du Bitume, & de quelque qualité nitreufe, comme l'odeur, tefmoin irreprochable du fouffre, le monftre : Car fi en temps couuert & froidureux on s'approche tout d'vn coup des fources, on fentira la mefme chofe, pourueu que l'inftrument de l'odorat foit libre, comme fi on auoit ietté du fouffre dans le feu : Mais fi auant qu'en faire l'efpreuue on fe pourmeine proche des Cuues, les Procez mamillairés imbibés & accouftumés à cette vapeur, font que nous ne la pouuons pas recognoiftre, parce que *omne fenforium*, comme dict Ariftote, *debet effe denudatum ab omni qualitate fenfibili*. La faueur des eaux fouffrées auroit fort peu de poids, fi elle n'eftoit accompagnée de l'odeur; car la nature ne luy a pas donné vn gouft fi excellent qu'il puiffe pa-

roiſtre par deſſus les autres: Et ſi en les beuuant
nous y recognoiſſons quelque choſe , c'eſt plus
par le moyen de l'odeur qui s'inſinuë inſenſiblement iuſques à l'organe de l'odorat , que non
pas par l'entremiſe de la ſaueur, ou ſeroit de peu
de choſe , & ſi peu qu'il ſeroit impoſſible de les
recognoiſtre par cette ſeule qualité , ſi elle n'eſt
accompagnée de l'autre, comme nous auós dict.
Outre ce que deſſus nous auons pour preuues in-
dubitables du ſouffre , les effects que ces eaux
operent ; car ceux qu'on attribuë à celles qui
decoulent par ſes mines, leur conuiennent tellement que les moins verſez en ce faict , ſont capables de les y recognoiſtre. Le Bitume , quoy
qu'en beaucoup plus petite quantité ayde au
ſouffre à eſchaufer les eaux , à augmenter leur
vertu remollitiue , ou pluſtoſt à l'entretenir:
Auſsi ſe trouuent-ils le plus ſouuent enſemble,
comme eſtans de meſme nature, à cauſe dequoy
quelques vns appellent le Naphtha tantoſt ſouffre liquefié , tantoſt Bitume liquide, pour monſtrer qu'il y a vne grande ſympathie entre ces
mineraux. Son odeur ſe recognoiſt principalement en la Cuue du milieu: car pluſieurs fois y
ayant mis le nez , ie n'y ſentois qu'vne odeur bi-
tumineuſe & deſagreable, celle du ſouffre y eſt ât
plus obſcure qu'aux autres , auſsi a t'elle ſa ſuperficie interieure noire , & n'y paroiſt pas vne
choſe blanche comme aux autres ; mais ſur tout
à la plus baſſe qui eſt toute bordée de cette blancheur ; Tellement qu'au premier aſpect vous diriez que c'eſt du Nitre ou de l'Alun, ou bien
quelque portion de ſel mineral : Toutesfois ie

croy que ce n'eſt pas vne choſe permanente,
& qu'il en peut arriuer auſsi bien aux vnes
qu'aux autres, veu qu'en ce païs les piliers des
maiſons, & les poultres produiſent cette meſme blancheur, lors que le Maiſtre negligant &
mal-aduiſé ne prend pas garde au toict. Ce qui
me faict croire que c'eſt pluſtoſt vn excrement
de la ſuperficie du bois à demy pourrie, que
quelque portion de mineral ; car il n'a la ſaueur
d'aucun, ny ietté dans le feu ne boult comme
l'Alun, ny ne petille comme le Sel & le Nitre :
& meſmes cela eſt tellement ſuperficiel qu'il eſt
impoſsible de le tirer que la limonie du bois ne
ſuiue quant & luy. Le Nitre, ou pluſtoſt vne qualité nitreuſe ſe trouue parmy nos eaux : Ie dis
vne qualité ; parce que lors que nous appellons
les eaux nitreuſes, ce n'eſt pas à dire pour cela
que nous y deuions incontinent voir du Nitre,
qui ne ſe trouue plus à preſent. Les eaux d'En-
cauſſe ſont grandement nitreuſes, & cependant
on n'y en trouue pas, au rapport de celuy qui en
a eſcrit. Il y a des plantes, les ſucs deſquelles
nous appellons nitreux, & les meſlons quelquefois auec la decoction des clyſteres ; parce
que par leur nitroſité, diſons nous, ils excitent
la nature à l'expulſion des excremens , & neantmoins on n'y trouue pas du Nitre. C'eſt pourquoy il ſuffit aux eaux pour eſtre dictes nitreuſes qu'elles en faſſent les effects , ſoit qu'elles
ayent cela du Nitre, ſoit de quelque autre Mineral ou Foſsile. Ainſi quoy qu'on ne trouue
pas du Nitre aux eaux de Barbotan, on ne laiſ-
ſera pas pour cela de les appeller nitreuſes, veu

Le Sel Gème ne petille point dans le feu.

E 3

qu'elles purgent; *quadam enim nitrofitate* dict vn certain, *purgant aquæ.* Bien eft vray que cette vertu
purgatiue n'eft pas fi puiffante comme en d'autres; car quelques-vns n'en font pas purgés par
bas, quoy qu'ils le foient par vrines, ainfi qu'eux
mefmes m'ont affeuré; Et d'autres au contraire,
à ce qu'ils me difoient, ont reffenti des effects
auffi puiffans par la boiffon de ces eaux que par
celles d'Encauffe; La raifon de cela eftant que
omne agens agit fecundum patientis difpofitionem. Pour
l'Alun, ie croy qu'il n'eft iamais venu dans l'efprit de perfonne qu'il y en euft, veu que ces eaux
au lieu d'aftraindre ramolliffent, & ne font aucunement propres pour ce que nous auons dict
cy-deffus parlant des eaux alumineufes. Quelques-vns fondés fur ie ne fçay quoy, difent qu'elles tiennent du Vitriol, l'opinion defquels ie ne
puis fuiure, n'eftant appuyée d'aucune proba-
bilité: Car fi nous confiderons la vertu de ces
eaux nous la trouuerons bien differente de celles qui participent au Vitriol, mineral acre,
picquant, & aftringent au gouft, & qui ne fym-
pathife en rien auec le Souffre, fi ce n'eft qu'ils
font tous deux penetratifs: De dire qu'il n'y eft
qu'en petite quantité, & qu'à caufe de ce il ne
fert que de vehicule aux eaux, fa vertu aftrin-
gente demeurant comme affoupie, c'eft vne raifon de Maiftre Guillot le Songeur, fi elle n'eft
appuyée d'autres preuues pour la fouftenir· Car
encore qu'il fuft en petite quantité, comme c'eft
vn mineral qui fe fond en l'eau, & qui demeure,
quoy qu'on la faffe confommer, on l'y recognoi-
ftroit; mais au contraire, ie puis affeurer qu'a-

pres m'y eſtre amuſé les trois & les quatre iours
entiers, ie n'y ay trouué comme d'autres, auſſi
curieux & plus que moy, ny Vitriol, ny Sel, ny
Nitre, ny Alun; ny meſme l'eau reduitte par la
diſtillation d'vne grande en fort petite quantité, n'auoit autre ſaueur que celle d'vne fontaine
commune qui auroit eſté conſommée de meſme
façon. Il eſt bien vray que dans la ſource de la
plus baſſe cuue, i'y trouuay des petites pierres
qui au ſortir de l'eau auoient vne couleur bleüa-
ſtre, laquelle s'eſuanoüiſſoit peu à peu, & deue-
noit blanche dans vn demy quart d'heure, comme ſi ce auoit eſté de la ceruſe: Surquoy ie m'ar-
reſtay vn peu; mais les ayant gouſtées & miſes
ſur le feu, ie recogneus que ce n'eſtoit que de la
terre, comme auſſi d'autres pierres rouges &
rouſſaſtres; car elles eſtoient inſipides, & ne jet-
toient ny fumée, ny petilloient, ny ne fondoient
dans le feu: Tellement que ie n'en ay ozé faire
aucun jugement, n'ayant pour tout ſouſtien que
cette paſſagere couleur, quoy que ces pierres,
principalement les bleüaſtres, viennent des mines meſmes entrainées par la force de l'eau: car
pour faire vn jugement valable de quelque mineral, il faut que pluſieurs choſes concourent
enſemble, entre leſquels il y en aye quelqu'vne
qui ſoit tellement aſſeurée, qu'elle puiſſe, comme vn premier mobile donner le branle à tout
le reſte, à cauſe que tant de choſes ſympathiſent
les vnes auec les autres, ſoit en couleur, ſoit en
vertu, ſoit en d'autres qualités, que de ſe vouloir fier à vne ſeule choſe, ſi elle n'eſt comme
nous auons dict; c'eſt juſtement monſtrer no-

ſtre ignorance pour plaiſir : Auſſi ie paſſe ſous-
ſilence ce qu'ils diſent, que ces eaux excitent l'appetit par l'aſtriction du Vitriol, veu que
les Medecins ſçauent en combien de façons cela
peut arriuer, qu'vne portion purgatiue le faiƈt,
que les eaux intreuſes le fôt, & meſmes les bains
d'eau froide, *calore ad interiora impulſo :* joinƈt qu'il
y a des perſonnes, ainſi qu'eux meſmes le diſent,
qu'au ſortir du Bourbier ils reſſentét leurs eſto-
machs tous allachis & foibles (ce qui arriue à
cauſe de la vertu remollitiue du ſouffre, comme
nous auons diƈt cy-deſſus, principalemét à ceux
qui y ſejournent trop, ou qui ſont foibles d'eſtomach.) Quant à l'or, ſi nous voulons croire ceux
qui l'inferent de ce que les eaux jauniſſent l'argent (qui arriue pluſtoſt par le ſouffre) ou de la
ſuperficie de l'eau, laquelle apres s'eſtre repoſée
en quelque lieu ſemble dorée, nous pourrions
bien dire qu'il n'y eſt pas en petite quantité, veu
qu'il n'y a ſi petit creux, ſoit au bord du Bourbier, ſoit proche des fontaines, ſoit le long des
ruiſſeaux, qui n'aye la ſuperficie dorée : Mais
cette conſequence eſt vn peu foible: car l'eau de
pluye qui ſort du fumier en faiƈt le meſme, à
cauſe de l'huile des matieres pourries qui y eſt
meſlé parmy : Ainſi ces eaux minerales à cauſe
de la matiere graſſe & huileuſe du Souffre & du
Bitume qui y eſt confonduë, ſemblent auoir la
ſuperficie dorée : Tellement que ſur de ſi foibles
fondemés vouloir aſſeurer qu'il y a de cecy, qu'il
y a de cela, comme pluſieurs font; c'eſt pluſtoſt
teſmoigner quelque ſorte de paſſion, que de
vouloir par les effeƈts exterieurs, venir à la
cognoiſ-

Cognoissance des choses qui nous sont inco-
gneuës, cognoissance qui n'est pas trop facile:
car comme dit le Sage en son Ecclesiaste, *cunctæ
res difficiles, non potest eas homo explicare sermone :* Non
toutesfois que ie vueille nier qu'il n'y aye des
metaux & fossiles qui accompagnent le souffre,
veu qu'il est, comme nous auons dict, l'huile & la
graisse de la terre, & le premier aget pour la generation des metaux; mais c'est qu'il est impossible de les recognoistre par la seule consideratiõ
de la vertu & proprieté des eaux : Tout de mesme comme il seroit impossible de iuger des sim-
ples qui entrent en vne composition medicina-
le, car estant vne fois meslés, ils concourent tellement ensemble à l'operation du medicament,
qu'il est hors de nostre pouuoir d'en descouurir
aucun, si par vne qualité predominante il ne se
donne à cognoistre. Ainsi ces eaux minerales,
estans vn medicament qui se faict naturellemēt
dans les entrailles de la terre, ont tellement la
vertu des fossiles pesle-meslées ensemble, qu'il
est impossible d'en faire vn jugement asseuré, si
par quelque portion de leurs substances (pour
ceux qui se fondent en l'eau) ou par quelque qualité predominante (quant aux autres qui ne se
communiquent que virtuellemēt) ils ne se don-
nent à cognoistre, comme le souffre par la
senteur, le Nitre par son goust & abstersion,
l'Alun & Copperose par leur goust & astriction:
car si sans preuue suffisante nous mettons quelque chose en auant, il sera dangereux qu'on ne
nous die, selon la maxime que *de ijs quæ non appa-
rent, & quæ non sunt, idem est judicium.*

Eccles.
cap. 1.

F

*Des maladies ausquelles les eaux de Barbotan
sont propres.*

CHAP. VIII.

ES Poëtes s'approchans par leurs fables en quelque façon de la verité, nous asseurent que la curiosité de cette inconsiderée Pandore fust cause que tant de mal-heurs se ietterent parmy le monde, que l'homme auroit esté le plus desastré des animaux, si Apollon par son inuention toute diuine n'eust apporté quelque remede à cet inconuenient; d'où vient que parlant de soy-mesme il dict

Ouid.
lib. 1.
Metam.

Inuentum medicina meum est, opifexque per orbem
Dicor, & herbarum subiecta potentia nobis.

Mais pour laisser les antiquités fabuleuses ; ce grand Dieu n'a pas seulement voulu que la terre par le moyen des influences de ce Soleil produisit des plantes, & mille autres choses pour la conseruation & le recouurement de la santé ; mais encore que dãs les eaux, chose admirable, nous trouuassions ces mesmes effects, ainsi que nous voyons en nostre lieu de Barbotan, où cet Element s'estant comme approprié la vertu des metaux & fossiles, opere des choses merueilleuses : lieu auquel nous pouuons auec verité, & sans encourir le blasme qu'vn Historien

Q.Curt.
lib.8. de
reb.gest.
Alex.

attribuë aux Siciliens, donner le premier rang sur tous les autres qui sont doués de mesme qualité à raison de plusieurs particularités & vertus qui s'y rencontrent, soit ou à cause du Bourbier, dans lequel on peut plonger tout le corps ſi on veut, choſe qui luy eſt du tout particuliere, & qui ne ſe trouue pas en d'autres bains, ſoit pour la commodité des fontaines & des cuues, dans leſquelles on peut ſe lauer ſans auoir la peine de tranſporter l'eau, & de la faire chauffer, comme il arriue en quelques lieux; ſoit pour leur chaleur qui eſt aſſez moderée, ce qui rend l'operation de ces bains beaucoup meilleure: Car comme dict Galien, *balnea iuſto calidiora horrere corpora, con-* *Lib. 3.* *trahique exiles eorum meatus cogunt; itaut neque madeſcere* *de tuen.* *ab extrinſecus accedente humore poſſint, nec excrementi quod* *valetu.* *intùs latet quicquam emittere;* Parce que la vehemence de la chaleur eſmouuant enſemblement & auec impetuoſité les humeurs cruës, ou qui ont quelque acrimonie, eſt cauſe de ces friſſons & du reſſerrement des pores, ainſi que dict le meſme. C'eſt pourquoy ceux de **Barbotan** eſtant doüés d'vne chaleur, qui n'eſt ny trop foible ny trop forte, ouurent tout doucement les paſſages, & liquefians peu à peu les humeurs, les euacuent inſenſiblement par les pores, d'où vient qu'ils ſont tres-propres pour vne infinité de maladies, comme les gouttes & autres douleurs des joinctures de quoy que ce ſoit; mais principalement cauſées de matiere froide, auſquelles ils ſont ſi profitables, que pluſieurs ayãt en vain recerché tous les remedes anodins que l'art ſe pouuoit imaginer, n'ont trouué autre ſoulagement qu'en l'application de la boüe, quoy qu'elle n'aye pas tãt de vertu eſtant portée hors du bourbier. Ils ne font pas moins d'effect à ceux qui ont les joinctures endurcies, ſoit par la lon

gueur des anneés , ou de quelque accident:
Quant au premier, nous auons veu des hommes
aagez de foixante & dix ans, qui ne pouuât qu'a-
uec peine defcendre ou monter le degré, ont eu
les joinctures comme raieunies, apres s'eftre mis
deux ou trois fois dans le Bourbier. Et quand
au fecond, les exemples en font fi frequens, qu'il
n'eft ja befoin de les raconter : car on en a tant
veu, qui à caufe de quelque bleffeure ou autre inconuenient ne pouuoient monter à cheual , ou
remuer qu'auec peine quelque partie du corps,
lefquels ont reffenti les effects miraculeux de
cette boüe, tant ces bains font energiques pour
ramollir les nerfs. Que fi quelques-vns à caufe
de la grandeur de leur mal n'ont peu eftre tout
à faict gueris, au moins ont-ils eu foulagement,
& le mouuement plus libre qu'ils n'auoient auparauant. Leur vertu n'eft pas moindre pour les
membres paralytiques, deffeichans & euacuans
les humeurs qui ramolliffent les nerfs, ou pluftoft qui empefchent que l'efprit animal ne peut
reluire aux parties. Par cette mefme exfication
ils profitent aux femmes qui sôt fujettes à auorter, felon que dict l'aphorifme, *quæ mediocriter cor-*
pulentæ, fine caufa manifefta abortum faciunt , fecundo aut
tertio menfe, ijs vteri acetabula lentoris funt plena; Et peuuent auffi profiter de beaucoup à celles qui ne
font pas des enfans , à caufe de ce que dict vne
autre aphorifme, *quæ frigidos & denfos locos habent*
vtero non concipiunt , & quæ præhumidos habent grauidari
nequeunt: Car ces bains efchauffent & confom-
ment les humidités fuperfluës qui empefchent
la conception. Ceux qui ont des pierres aux

Aphor.
45.fec.5.

Aphor.
62.fec.5.

reins en peuuent vser : car plusieurs approuuent grandement les bains souffrez pour ce sujet, & mesme mouillent des draps dans les eaux, & les appliquent dessus. Les graueleux aussi, & ceux qui ont les reins vlcerés s'en trouueront fort bien ; parce que ces eaux sont diuretiques, à cause dequoy leur vertu est portée en ces parties, qui desseiche & nettoye les vlceres ; & chassant la cause materielle de la pierre, empeschent sa generation. Surquoy faut noter, que le Bourbier & la boisson se peuuent administrer à ceux qui n'ont que des pierres dans les reins ; mais lors qu'ils sont vlcerez, l'vsage du Bourbier leur est nuisible, parce qu'il eschauffe ces parties, & faict qu'elles attirent estant eschauffées : Outre que comme nous dirons au Chapitre suyuant les humeurs liquefiés & fondus par la chaleur du Bourbier, tombent sur les parties foibles, & debiles, & sont cause que toutes choses s'aigrissent & s'empirent, comme on a veu par experience à vn Gentil-homme qui ne demeuroit pas loing de Barbotan. L'experience aussi a bien faict voir que des personnes melancholiques de leur temperament ont esté gueris des obstructions de la rate ; mesmes quoy qu'on y ressentit de la dureté. Les fieureux de fieure intermittante, pourueu que ce soit en la declinaison, n'y trouueront pas vn petit soulagement, & ce de l'authorité de Galien, *porro balneum*, dict-il, *in re-* Lib. 11. Meth. *mißione febris administratum, corpore iam mediocriter tran-spirante, non exiguum commodum affert, omnia ex eo tum fulginosa excrementa, tum humida educens.* Ceux qui seront trauaillés de spasmes, conuulsions, & tremblement des nerfs n'en retireront pas moindre vtilité: Et non seulement en cela, mais encore en beaucoup d'autres maladies froides, comme sont l'hydropisie, lors qu'elle ne vient point d'vne intemperie chaude du Foye: la colique cau-sée par des vents, ou de quelque pituité vitrée, la fatuité & memoire perdue, qui prouiennent tousiours d'vne cause froide, la difficulté de res-pirer à cause du flegme qui appesantist les poul-mons, les douleurs sans fieure en quelle partie que ce soit: les tumeurs aqueuses, flateuses, & œdemateuses; mesme aux reliefs de la verole, ausquels s'ils ne profitent tousiours, au moins sçauons nous qu'ils ne nuisent pas. Ie ne veux pas oublier que l'eau de ces bains sera propre pour les douleurs de teste inueterées, si on en vse de la façon que dict Mathiole, parlant des bains de sa patrie, qui est de mettre la teste sous vn tuyeau d'vne des fontaines, & laisser tomber l'eau sur le lieu de la douleur de deux pieds au moins de haut, & ce l'espace de demie heure ou enuiron, continuant cinq ou six iours le matin & le soir auant le repas, ayant au prealablement obserué le precepte general de Medecine, *qu'on ne doit vser des remedes particuliers, que les vniuersels n'ayent precedé:* Les modernes ont appellé l'vsage des eaux de cette façon Douche. Ie pourrois icy rapporter vne infinité de maladies; mais parce que par le moyen de celles que i'ay proposé, on peut iuger de celles à qui ces eaux pourront sur-uenir, ie les passeray sous-silence, me conten-tant de ce que i'en ay dict.

Gal. lib. 3. de loc. affec. ca. 3.

De la façon d'vſer des Bains de Barbotan.
Chap. IX.

ENCORE qu'en la gueriſon des maladies, la premiere & principale choſe ſoit de trouuer le remede connenable apres qu'on les a cogneuës; ſi eſt-ce que ſouuent cela profiteroit de peu ſi on ne ſçauoit la façon d'en vſer. Car comme diſent les Medecins, *tria ſunt quibus ars tota medendi conſtituitur, remedij genus, quantitas, & vtendi modus* : & par ainſi ce n'eſt pas tout de ſçauoir que les bains ſont propres à telles & telles maladies; mais il faut auſſi que nous ſçachions comme quoy il en faut vſer, afin qu'il ne nous arriue pas comme à pluſieurs, qui ſans preparation ny demy, & ſans obſeruer le téps de la maladie, vſans des bains, ſe trouuent plus incommodez qu'ils n'eſtoient auparauãt; parce que comme diɕ vn docɕe Medecin, *balneum craßiores humores quos non diſcuſſerit colli-* *Fernel.* *quat, & tanta vi concitat, vt in alias plerumque partes ia- ɕati confluant* : D'où vient que les bains ſont grandement dangereux à ceux qui ſont cacochymes & plethoriques, à ceux qui ont quelque grande maladie, ou qui ont quelque partie noble foible & debile, à cauſe que comme diɕ le meſme, *liquatus humor in partem languidam decumbens in phleg- mones diſcrimen adducit.* C'eſt pourquoy ie conſeille à ceux qui voudront vſer des bains de Barbotan, de prendre aduis de leurs Medecins, afin que faiſant les choſes mieux à propos, ils en retirent plus d'vtilité : Car encore qu'ils ne ſeuſ-

sent trauaillés des incommodités susdites , si
pourroit il y auoir (outre plusieurs choses qu'il
faut considerer , lesquelles les malades ne sçau-
roient recognoistre) quelque portiõ d'humeurs
cruës aux premieres veines, laquelle par la chaleur du bain , qui attire du centre à la circom-
ference , s'insinueroit par tout le corps, d'où il
en arriue le plus souuent de facheuses maladies,
la nature ne la pouuant surmonter. A cause dequoy il n'est iamais bon d'entrer dans le bain ,
soit par necessité, soit seulement pour le plaisir,
qu'on n'aye premierement nettoyé le corps
auec quelque medicament, la vertu duquel
s'estende au moins iusques à la seconde region;
& alors le temps de la maladie, la saison de l'an-
née , & l'aage le permettant , on pourra auec
plus d'asseurance se disposer ou à la boisson(qui
doit tousiours preceder l'vsage du bain) ou à se
mettre dans le Bourbier ; duquel ie desire principalement discourir,comme estant ce qui rend
les bains de Barbotan recommandables par
dessus tous les autres de semblable qualité. Que
ceux donc qui y viendront pour en vser, se repo-
sent vn iour ou deux auant que d'y entrer,quel-
quefois vn demy suffira selon qu'on viét de loin,
& qu'on est rompu & lassé du chemin. Apres
choisissant vn iour clair & serain & sans point de
vent , si faire se peut , il faut se leuer du matin
& se promener vn peu,tant afin d'exciter la chaleur naturelle des parties interieures, qui rendra l'operation du bain plus efficace, que pour
solliciter la nature à l'expulsion des excremens:
Et en cas que le ventre ne fust pas libre, il ne

seroit

seroit pas mauuais de prendre quelque laue-
ment pour euacuer ces matieres qui par la chaleur du Bourbier sont attirées par tout le corps.
Cela faict on pourra se mettre dans la boüe vers
les six heures, ou pluftoft, ou plus tard selon la
saison & la dispositiõ du iour. Car il arriue souuent, s'y mettant trop matin, que la superficie
de l'eau est si froide au respect du reste, qu'on
tremble quelquefois, principalement en Automne, auquel temps les matinées sont beaucoup plus fraiches qu'au Printemps : A quoy
faut bien prendre garde, parce que cela arriuant, toute l'vtilité presque du Bourbier est
empefchée, voire quelquefois pour vn petit mal
on en appelle vn grand. Quant au temps que
nous y pouuõs demeurer, pour ceux qui ne sont
pas contraints d'y mettre tout le corps (ce que
aussi ie ne leur conseille pas) qu'ils le limitent
selon leur phantaisie, les aduertissant seulement
qu'ils se gardent du Soleil, & que les vapeurs des
eaux minerales ne profitent iamais aux personnes. Mais pour ceux qui à cause de leurs incommodités qui affligent les parties superieures,
faut qu'ils s'y plongent tout à faict, s'ils veulent
suiure le conseil d'Oribase, ils doiuent mesurer
le temps qu'ils se veulent mettre dans le Bourbier, & y demeurer la premiere fois demie heure, la seconde vne heure, procedant peu à peu
iufques à deux, & puis se retirer de la façõ qu'on
a commencé; *in aquis enim*, dit-il , *à principio diu im-*
morari non est vtile, neque etiam frugiferum ad finem vsque
permanere eodem temporis spacio, propterea quod confert &
incipere ab hoc præsidio, & desinere conuenienter rationi;

In col-
lecta. ex
Herod.
de aqua
sponte
nasc.

quo etiam modo exercitationibus vtimur & abstinemus.
Pour moy ie serois bien d'aduis qu'on procedat
selon ce precepte ; toutefois on se pourra licen-
cier la premiere fois vn peu plus que de demie
heure : Par exemple, si on desire de se mettre
dans le bourbier six iours durant, on y pourra
demeurer le premier iour enuiron vne heure, le
second vne & demie, le troisiesme & quatriesme
deux heures, le cinquiesme non pas plus qu'au
second, & le sixiesme autant qu'on y a demeuré
le premier iour. Mais quoy ? on n'obserue pas
toutes ces choses, & y seiourne-on les cinq & six
heures, mesmes pour des folies, comme faisoit
vn certain Danseur, qui pour auoir les membres
souples, & vireuolter & faire caprioles n'en sor-
toit de toute la matinée : Ce que ie n'approuue
aucunement, non seulement pour raison des vapeurs de l'eau, qui ne nous peuuent estre que
nuisibles ; mais encore parce que le trop long
seiour dans les bains nous affoiblit, & nous faict
quelquefois tomber en Syncope, à cause que la
perspiration de l'air froid, qui est attiré par le
diastole des arteres, est empeschée, *in balneis*, dict
Galien, *diutius versantes exoluimur ac tandem morimur ;*
idque non ob euacuatum ex toto corpore spiritum, sed quod
perspiratio, tam quæ per vniuersum corpus, quam quæ per os
fit offendatur, calidum spiritum attrahens. D'où vient
qu'en des lieux où les eaux sôt vn peu trop chaudes on ny sçauroit demeurer long temps sans
danger ; c'est pourquoy ceux qui s'y baignent,
des-aussi tost qu'ils voyent la sueur leur com-
mencer, ou quelque autre precurseur de syncope en sortent incôtinent. Ce que quoy qu'il n'ar-

riue pas à Barboran à cauſe de leur chaleur moderée, ou ſeroit à des naturels foibles & delicats, & qui n'ont pas accouſtumé le bain ; ſi eſt-ce qu'il pourroit arriuer que la longueur du temps en ceux-cy fairoit ce qu'en peu la chaleur vehemente faiſt aux autres. Et partant que ceux qui ſe mettent dans le Bourbier obſeruēt, comme nous auons diſt, la façon de proceder qu'Oribaſe nous enſeigne, qui eſt de s'y accouſtumer peu à peu ; car ainſi ils recognoiſtront leurs forces, & pourront eux meſmes iuger du temps qu'il y faudra ſeiourner le lendemain ; & obſeruant cela, peut-eſtre qu'ils ne ſeront pas en peine de ſe plaindre, comme quelques-vns qui au ſortir du Bourbier ſentent leurs eſtomacs laches & foibles, ce qui arriue le plus ſouuent, à cauſe du trop long ſejour qu'on y faiſt, & principalement à ceux qui l'ont naturellement foible, qui ſont, comme diſt Celſe, *magna pars vrbanorum, & omnes ferè litterarum ſtudioſi:* mais pour obuier à cela, on peut oindre l'eſtomach à l'entrée du Bourbier, & au ſortir de la cuue auec quelque huile aſtringente, comme eſt celuy de nois muſcade, d'abſynte, de menthe & autres. Apres qu'on aura demeuré deux heures tout au plus dans le Bourbier, il en faut ſortir pour s'aller lauer dans les cuues ; mais non pas comme ceux qui y vont tous nuds : car outre que cela eſt indecent, il n'eſt guere auſſi profitable, à raiſon du vent qui ſouflant quelquefois, pourroit à cauſe de la ſoudaine mutation du chaud au froid, nous apporter du mal, non ſeulement en ce temps là, mais encore tout le lóg de la journée: C'eſt pourquoy

il eſt fort bon de ſe contenir le plus qu'on peut dans la chambre, principalement s'il faict mauuais temps; Car le iour que noûs nous baignons, les pores ſont tellemént ouuerts que le moindre froid nous ſurprend, en danger de cauſer quelque plureſie, tous, defluxions, & autres incommodités. Quand au repas, il ne doit eſtre prins qu'vne heure, au moins apres qu'on eſt ſorti de la cuue, ou qu'on a ſué; & en iceluy n'vſer que de viandes euchymes & de facile digeſtion, afin d'eſuiter les crudités qui ſont dãgereuſes à ceux qui ſe beignent, comme nous auons dict; Et par ainſi il faut eſuiter les fruicts qui ſur tout engendrent des humeurs cruës, & de facile corruptió, principalement ceux qu'on appelle *horarij fructus:* Le fromage eſt auſſi du nóbre, parce qu'il opile, & ce d'autant plus qu'il eſt frais : Le vieux engendre des humeurs flegmatiques : La chair de bœuf, d'oyſon (hors des aiſles) celle du ſanglier, du lieure, & de toutes ſortes de beſtes qui viennent dans les mareſcages doiuent eſtre éuitées, parce qu'elles ſont melancholiques. Et ſur tout il ne faut point ſe ſaouler, afin que l'eſtomach n'eſtant pas oppreſſé par la quantité des viandes faſſe mieux ſa fonction, *maximum enim ſanitatis ſtu-*
Hippocr. *dium eſt non ſatiari cibis.* Si quelqu'vn vers les quatre heures du ſoir ou ſur les cinq quãd il faict chaud, & que les iours ſont longs, deſire de ſe mettre dans le Bourbier, il ne fera pas mal ſi ſes forces le permettent, & qu'il n'aye rien mangé deſpuis le diſner; mais pour les extenués & foibles, ou qui n'ont pas accouſtumé le bain, ie leur conſeille de ſe contenter du matin; car il vaut mieux

fortir par la porte d'vne maifon, que non pas fauter par les feneftres, quoy que la fortie en foit plus courte. Ayant maintenant affez amplemét parlé de ce qu'il faut obferuer deuant & apres qu'on s'eft mis dans le Bourbier, il eft temps de dire quelque chofe fur la boiffon des eaux, l'v-fage defquelles en cette façô doit toufiours pre-ceder celuy du Bourbier, parce qu'elles y feruét comme de preparation. Que ceux donc qui voudront boire obferuent premierement les trois chofes que nous auons dict parlát du Bour-bier ; fçauoir, de fe repofer quand on eft arri-ué, de fe promener vn peu auant que de prendre la premiere boiffon, pour en retirer les vtilités fufdites, & fur tout de preparer la voye à l'eau par la purgation, afin que trouuant les paffages libres & ouuerts, elle faffe pluftoft fon operatiô. Que fi cette preparation eft neceffaire à des eaux qui font plus puiffantes que celles de Bar-botã, à plus forte raifon la faudra-il faire auant que d'en boire, veu que leur vertu purgatiue eft foible à des gens qu'il y a, quoy qu'il n'en foit pas de mefme de la diuretique : car ceux mefmes qui font dans le Bourbier en reffentent les effects. Pour la quantité de l'eau qu'il faut boire à chaque prinfe, & combien de prinfes en vne matinée, on n'en fçauroit donner vne regle generale, attendu que cela fe doit conduire fe-lon les forces de ceux qui boiuent, & felon les eaux qui operent en quelques vns pluftoft, en d'autres plus tard ; & ne faire pas (qui eft vne chofe affez ordinaire) comme ceux qui font re-prins de Pline parlant des eaux de Cutilliano en

Lib. 31.
nat.hist.
cap. 6.

la Duché de Spoleto, *il y en a*, dict-il, *qui font des braues de pouuoir engorger & aualer beaucoup de cette eau; mesmes i'en ay veu de si enflez que la peau leur couuroit les anneaux des doigts pour n'auoir peu rendre la grande quantité d'eau qu'ils auoint beu.* C'est pourquoy qu'on se contente la premiere fois d'vne prinse qui doit estre de tant de verres que l'estomach la puisse supporter sans peine, & ne se regler point à quatre ny à six, ny à huict, augmentant la dose & les prinses selon l'operation des precedentes; Pour laquelle faciliter, il faut choisir vn lieu où il ne fasse point de vent, afin de se promener, mais d'vne promenade gaillarde, toutesfois qu'on ne suë pas, arriuant en cecy comme dict l'Aphorisme, *cum elleborum citare voles, moue corpus :* Aussi

Aphor.
15. sect.
4.

> *L'exercice sur toute chose*
> *Faict que nostre interne chaleur,*
> *S'excite, & iamais ne repose,*
> *Redoublant par luy sa vigueur;*
> *Mais au contraire la paresse*
> *Rend tous les esprits engourdis,*
> *Et faict que nous par sa mollesse*
> *Ne sçaurions viure six fois dix.*

Et vn Poëte tragique

Plaut.

> *Desidia pigritiam, pigritia veternum parit.*

Si quelqu'vn me demandoit de quelle fontaine il doit plustost boire, quoy qu'il y en aye qui en boiuent de l'vne, & d'autres non, & que toutes ayent vne mesme vertu; si est-ce que ie choisirois plustost la petite cuue, parce quelle est le plus souuent la mieux entretenuë, & qu'on y remarque des choses (comme nous auons dict au chapitre septiesme) qui ne se voyent pas aux autres; outre qu'elle n'eſt pas tiede cõme la plus haute, & par conſequent ne rendra pas l'eſtomach ſi lache, *tepida enim*, comme on diɔ̃t, *eneruant ſtomachum*, d'où vient qu'elles font vomir. Que ſi auec tout cela le vomiſſement arriue, il ne le faut pas empeſcher, *quo natura vergit, eò maximè ducere oportet per loca conuenientiora*, & m'a-on aſſeuré qu'vn homme apres auoir beu de ces eaux, vomit trois choſes qui reſſembloient à des ſouris. I'ay paſſé ſous-ſilence que quand on boit il faut cõmencer du matin, ſelon les prinſes qu'on deſire prendre, parce que pluſieurs ſçauent que l'eau doit auoir faiɔ̃t ſon operation deuant que le Soleil eſchauffe noſtre hemiſphere, à cauſe qu'en nous promenant la ſueur arriueroit plus facilement, & ſe feroit en noſtre corps vn mouuement contraire. Il faut maintenant, afin qu'il n'y aye rien qu'on puiſſe deſirer en ce chapitre, que ie ſatisface à trois petites difficultés, qui mettent quelquefois en peine ceux qui ſe baignent. La premiere, s'il ſeroit permis de manger deuant qu'entrer dans le Bourbier, à laquelle il n'eſt beſoin de reſponce : car tout le monde ſçait que la viande ſortant à demy cuitte de l'eſtomach, cauſeroit des crudités & obſtruɔ̃tions, eſtant diſtribuée pluſtoſt qu'il ne faut, & trop à la fois: Il eſt vray que Galien diɔ̃t qu'il n'y a rien qui engraiſſe plus le corps des ieunes gens maigres que d'entrer dãs le bain apres auoir mangé, & enſeigne le moyen d'obuier à l'inconuenient que deſſus. Mais parce que ie ne parle pas pour ceux-cy qu'on leur laiſſe le manger, afin qu'ils puiſſent deuenir gras. La ſeconde eſt, s'il eſt

Hip. Aph. 21. ſect. 1.

Lib. 6. de tuen. valetu.

mauuais de dormir le iour qu'on s'eſt mis dans le
Bourbier, ſoit ou incontinent apres eſtre ſortis
de la cuue, ou apres le repas: Quant au premier,
ie dis qu'il n'y a point de mal, & tant s'en faut
qu'il n'y a rien qui cuiſe mieux & qui diſſipe plus
les mauuaiſes humeurs que le ſommeil apres le
bain, *nihil æquè*, dict Galien, *concoquit aut malos ſuc-*
cos diſcutit vt ſomnus à Balneo. Quand au ſecond, lors
que le ſommeil nous preſſera trop l'apres-diſ-
née, ou que nous ſentirõs noſtre eſtomach char-
gé des viandes du diſner, il ne ſera pas contre les
preceptes de la ſanté de dormir demie heure, ou
vne heure pour le plus, pourueu qu'on ſoit ſeulement accoudé ſur vne chaire ou vne table,
& non ſur le lict, & que ce ne ſoit pas ſur le midy; pource que ſi on ſe met ſur vn lict, il eſt impoſſible, outre qu'on s'aſſoupit d'auantage, que
le ſommeil ne ſe prolonge plus qu'il ne faut, &
ſi on dort ſur le midy à cauſe de la chaleur, on
ſuë facilement, & la teſte ſe remplit plus de vapeurs, n'y ayant pas long temps qu'on a prins le
repas: mais en vſant comme il faut, on pourra
dire de luy

Somne quies rerum placidiſſime, ſomne Deorum
Pax animi, quem cura fugit, qui corpora longo
Feſſa miniſterio fulcis, reparaſque labori.

La derniere demande qu'on nous pourroit faire
eſt, s'il eſt meilleur de ſuer deuãt ou apres qu'on
eſt ſorti du Bourbier: A quoy ie dis, que quand
on fairoit l'vn ou l'autre, qu'il n'y auroit pas
grand inconuenient. Toutesfois ie conſeille à
ceux qui voudront ſuer, de le faire pluſtoſt apres
que deuant, parce qu'au ſortir de la cuue on y

est tout disposé, & s'il y a quelque excrement
qui soit encore sous la peau, la sueur l'acheuera
d'euacuer; mais au contraire, si on suë deuant,
les humeurs subtiles estant euacuées, les cras-
ses ne font pas si facilement dissipées par la chaleur du Bourbier.

CHAP. X.

LA coustume & la façon de proceder
inueterée en certaines choses, a
quelquefois tant de pouuoir sur les
hommes, mesme doctes, que le plus
souuent ils se laissent emporter à l'opinion du
vulgaire, quoy qu'appuyée sur des foibles rai-
sons: D'où est venu, à ce que ie croy, que certains
Medecins de ce païs, fuyuant la croyance du
commun, & ne considerans que la superficie de
la terre, ont estimé que le temps le plus propre
pour l'vsage des eaux minerales estoit en Automne, & que ceux qui s'en seruoient au Printemps n'en receuoient pas tant d'vtilité, à cause
des neiges & des pluyes, qui se meslans parmy
ces eaux affoiblissoient leur vertu: mais ils se
trompent; car si cela estoit, on verroit lors que
les neiges se fondent & apres les pluyes, ces eaux
couler en plus grande abondance; & cependant
soit en Hyuer, soit en Esté; soit au Printemps,
soit en Automne, soit en temps pluuieux, soit en
temps sec, on les voit toujours couler de mesme

F

façon : Ce qui demôſtre aſſez leurs ſources eſtre profondes, & venir d'vn lieu, où l'eau de pluye, ny de la neige fonduë ne peuuent paruenir, puis qu'elles ne ſçauroiét mouïller la terre plus pro- Senec.li. 3.quæſt. nat. fond que de deux pieds. Auſſi la plus ſaine opinion, quoy que contraire à Ariſtote, eſt celle qui aſſeure les ſources d'eau viue, & qui ne tariſſent iamais, prouenir de la mer. Les SS. Peres, la plus part des Naturaliſtes & des Philoſophes modernes ſont de cet aduis apres le Sage en ſon Ecclef. cap. 1. Ecclefiaſte, où il diét que *omnia flumina intrant in mare, & mare non redundat ; ad locum vnde exeunt flumina reuertuntur, vt iterum fluant.* Pline a fort bien Lib. 2. hift.nat. cap.56. recogneu cela, quand il parle de la rondeur de l'eau, & comme quoy elle peut penetrer iuſques aux cimes des plus hautes montagnes. Seneque deuant luy en a amplement parlé en ſon liure 3. des queſtions naturelles, & diét que nous ne ferons pas en peine de trouuer le lieu & le referuoir, d'où tant de fontaines & fleuues qui ne tariſſent iamais puiſent leurs eaux, ſi nous conſiderons que la Mer eſt vn des quatre Elemens, & par conſequent la quatrieſme partie des choſes ſublunaires, au reſpeét de laquelle toutes les eaux qui ſont dans les entrailles de la terre, & qui coulent par deſſus ne ſont rien, non pour cela que ie vueille nier qu'il n'y aye des ſources qui dependent de l'eau de la pluye, mais elles ne coulent pas touſiours de meſme façon, & ſi la ſeichereſſe eſt vn peu trop gráde, elles tariſſent ; ce qui n'arriue pas aux autres, comme nous auôs diét : Et meſme quand l'eau de la pluye ſe meſleroit parmy ces eaux minerales, ce n'eſt qu'à la

superficie, elle est bien tost chassée dehors par le
continuel rejaillissement des fontaines. Que si
cecy a lieu aux eaux minerales, qui sont vers les
monts Pyrenées, où les pluyes sont plus frequentes, & où la neige demeure plus long temps. A
plus forte raison pourrons nous dire les eaux de
Barbotan estre moins suiettes à tous ces meslan-
ges, veu qu'il n'y pleut pas si souuent, & que la
neige en des années qu'il y a ne blanchit pas seulement la superficie de la terre. Il est bien vray
que les sources qui sont dans le Bourbier n'ont
pas tãt de force, à cause de la bouë qui empesche
de se remettre si tost en leur premier estat ; mais
s'il estoit couuert, & qu'il y eust des fossez tout
autour pour côduire l'eau, & empescher qu'elle
n'entrat dedans lors qu'il plet. Ie ne serois point
de difficulté, quand mesme il plouuroit aujour-
d'huy de m'y mettre le iour apres, s'il faisoit
beau temps. Et partant qu'on ne soit plus en cet
erreur, que l'Automne est plus propre & meilleur que le Printemps pour l'vsage de ces eaux ;
car si outre ce que nous venons de dire on veut
considerer d'autres choses, on trouuera tant du
costé des eaux que du nostre, iceluy surpasser de
telle façõ l'Automne, qu'il faudra malgré qu'on
en aye confesser la verité. Et premierement pour
les eaux, leur vertu est beaucoup plus vigoureu-
se au Printemps qu'en Automne, ce que (outre
la raison) est confirmé par Oribase, lequel escri-
uant du temps qu'on se doit seruir des eaux minerales, *atque illud quidem tempus*, dict il, parlant Lib. 10.
de l'Hyuer, *aquarum vires firmat.* Que si l'Hyuer, à collec.
cause du froid qui resserre & condense la super- cap. 5.

ficie de la terre, & par ce moyen retenant les
exhalations chaudes, augmente & affermit la
vertu de ces eaux, ne dirons nous pas que l'Esté
l'affoiblit & la diffipe, puis qu'il est doüé de qualités contraires à l'Hyuer; & par consequent
que l'Automne ne reçoit pas ces eaux auec vne
qualité si puissante, comme faict le Printemps,
lequel aussi, le prenant de nostre costé, est beaucoup plus apte que l'Automne : Car lors que les
froids sont passés, les humeurs excrementeuses
engêdrées pendant l'Hyuer, & à cause du temps
demeurant comme resserrée dans des cachots,
commencent à s'esmouuoir; D'où vient qu'en ce
têps là plusieurs se purgêt & se font seigner pour
euiter les maladies futures, ce qu'on n'a pas tant
accoustumé de faire en Automne, si la necessité
ne nous y contrainct, parce qu'en ce temps-là
nostre corps est plus sec, à cause des chaleurs de
l'Esté qui l'ont euacué, & par ainsi plus inepte
à l'vsage des bains mineraux : Tellement que *cæ-
teris paribus*, ie veux dire le Printêps & l'Automne se trouuent tels qu'ils doiuent estre, le premier est beaucoup plus propre que le second :
non qu'il en faille faire le choix lors que la necessité y est : car comme on dict communement,
necessité n'a point de Loy; mais c'est que si la maladie
nous presse en Automne, il en faut vser en Automne, si au Printemps au Printemps, & ne s'a-
muser point à l'opinion erronnée du commun :
considerant seulemêt que pour l'Automne nous
entendons lors que les grandes chaleurs sont
passées, iusques à ce que les pluyes & le froid
qui arriuent ordinairement vers le mois d'O-

ctobre se mettent en campagne; & pour le Printemps, lors que les froids sont passez & que le
temps est moderé : Car de vouloir presinir vn
iour pour l'vsage de ces eaux on se tromperoit,
parce que selon la constitution des Astres,
& selon les climats, le Printemps
arriue ou plustost ou plus tard:
Tellement que le plus seur
est de se conformer
selon la tempe-
rature des
saisons.

FIN.

Laus Deo Virginique Matri.